天然果醬自己做

巧食鑑賞家 陳麗香◎著

詳細配方・天然健康・新手零失敗

人文的・健康的・DIY的
腳丫文化

自序

果醬與我

陳麗香

不知從何時開始，出國逛超市時，總會刻意去尋找果醬架上那一排排琳瑯滿目的繽紛色彩，看著熟悉的、不熟悉的，水果的、非水果的，單一口味的、多種混和的，總是能豐富自己味覺上的想像，而且每每讓我在超市走道上留連又躊躇，不知該選哪些帶回家。結果，一定是挑了過多才又悻悻然地放一些無緣品嚐的回架上。

而手工果醬，則是在和另一半從台北搬回台南故鄉，著手打造自己心目中理想的自然無添加食品食材雜貨舖時，開始涉獵的。嚐過超市架上的果醬，雖然也大都是自然無添加的（本土品牌大多還添加色素、香料、防腐劑等，選購時需小心），雖然也都可口怡人，但畢竟是機器大量生產、高溫熬煮的，少了一份水果的甜美和香郁，而這其中差異，若不是曾經開發自有品牌Hokki鮮果醬，還不易體會出。

Hokki果醬由我在自家廚房實驗，決定配方後交由工廠生產。但不知為何工廠產出的，始終達不到在廚房完成的口感且風味有著明顯差距，後來詳細觀察工廠製作過程，才發現大鍋大釜的機器攪拌，以及長時間的熬煮，其結果是絕對無法達到用木匙慢火輕拌般，保留住水果的果肉和香氣。製作過程都如此大相逕庭，無法講究，更遑論所使用水果的品質了。

我一直不解台灣號稱水果王國，也真的有著一年四季豐富變化的好品質水果，連最挑剔的日本人都稱讚有加，但為何沒有出色的水果加工製造。刻板印象中，都是爛水果才拿去加工，後來深入了解水果的食用文化，才發現原因在果醬的歷史來源。果醬製作源自北歐，在那些水果採收季節極短，無法一年四季新鮮享用的國度裏，媽媽們為了把水果製作保存，留待不同季節食用，發展出許多美味果醬。所以也難怪台灣，不論是自家私房或食品工廠，都鮮少果醬製作，因為在水果王國，隨時都有新鮮的

   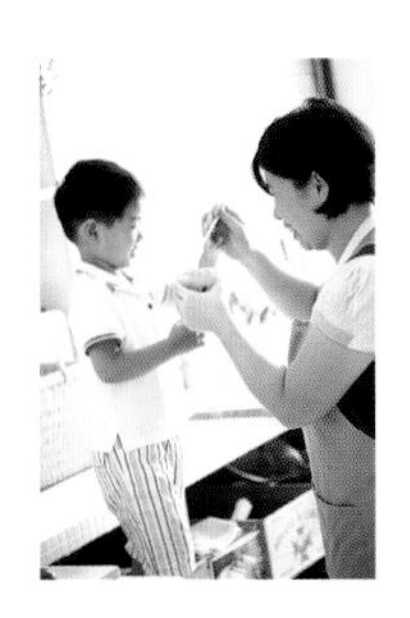

水果可吃呢！

果醬最盛產的地方是英國、法國，日本在明治維新時期開始大量接受歐美文化，所以果醬的製作及食用在19世紀後半（西元1881年）開始，而台灣雖西化較晚，但因歷經日治時期（西元1895~1945年），所以果醬的食用也隨著與日本幾乎同步，這也是我們在一些受日本殖民影響較深的家庭中，都會發現老人家們早餐有食用麵包塗果醬的習慣。然後隨著出國旅遊風氣之普遍，果醬甚至成為到歐洲旅遊帶回之普遍禮物。

現在，我們在百貨公司的超市，隨便就可以找到10種以上品牌的果醬，而且多數是進口的。一些歐洲頂級知名老店的代表如FAUCHON、HEDIARD，也不難買到。但是，使用台灣道地本產水果製作的果醬，就很難了。其實，果醬的口味是可以隨地方及喜好而多樣變化的，不僅如此，它還可以隨著不同的創意而發展出意想不到的風貌。比如說現在可稱世界第一品牌，而且還保留一鍋鍋手工製作的法國Christine Ferber女主廚果醬的創意，就來自對色彩和圖像搭配的想像。

我曾經到日本鎌倉拜訪Romi Uni果醬專賣店，主廚いがらし ろみ（五十嵐 路美）的創意則來自對法式甜點的喜愛。我也曾經看過雙層色彩的繽紛果醬，上層是白色（奶油），下層是紅色（木瓜），享用時可兩層合併，也可單層品嘗，是不是跟我們從小喝到大的木瓜牛奶有異曲同工之妙？果醬其實是可以很具個人風格，而且可以隨著季節轉換而變化的！而台灣呢？我們是否還停留在以為果醬只有草莓或藍莓口味的階段，而浪費身在水果王國的優越條件呢？請跟著我一起動動手，創作屬於你自己的獨家美味果醬吧！

目次
CONTENTS

PART 2 DIY基本功夫

PART 3 動手做果醬

PART 4 田園職人推薦

PART
1

關於果醬

果醬為什麼叫Jam?為什麼又叫Confiture?什麼是Marmalade?它曾經是藥?一開始只有貴族能吃?到底是怎樣個由來、有什麼典故?讓我來說分明!

果醬的由來

Origin of jam

根據日本「明治屋食品辭典」的記載，果醬的英文Jam本來是擠壓、壓碎的意思，而18世紀英語辭典的作者Nathan Bailey的考據，是由法文Jaime（甜點）而來。英文中一般被通稱為Jam的東西分3大類Jam、Marmalade和Jelly（台灣沒分那麼多，一概叫果醬）。

Jam是將水果的果肉部分壓碎，和糖（砂糖、葡萄糖、麥芽糖等，現在有稱無糖果醬的，大多是加代糖或葡萄汁）加熱熬煮到膠質化為止。Jam通常不殘留果形。特別將果形留下的稱Preserve（類似糖漬水果）。Marmalade指的是用柑橘類水果的果皮做果醬，如橘子、金棗、或檸檬等。Jelly是將果肉部分除去後的果汁，加糖熬煮成膠質化後的果凍，或稱為水果糖漿。而現在還有看到使用Confiture這個字眼，是來自法文的果醬。

其實，最早的果醬，既不是甜點，也不是用來塗抹麵包，更不像我們現在看到饕客們口中的美味。果醬的製作，其實是一門『保存的藝術』。法文的果醬Confiture這個

字，是由Confire這個動詞演變而來，意思是將食材浸泡或密封在油、蜂蜜、糖、鹽或酒當中，使食材生命能夠多少獲得延續，不至腐壞的加工行為。

西元15世紀的歐洲，蔗糖尚未被大量生產，都是以蜂蜜浸漬水果。在那之後，雖然開始有蔗糖出現，但因屬高價物資，都是由藥局販售。因為具有療效，西洋史書中也有果醬作為治療處方的記載。

在王宮內，貴族的廚師為取悅主人，而應用昂貴的砂糖浸漬水果，做出一道道保有水果質感的精緻甜點。而在庶民間，因為買不起砂糖，所以用濃縮葡萄汁取代砂糖製作果醬，這是果醬真正成為甜點的開始。進入18世紀，砂糖成為普遍性食材，家家戶戶才真正開始用糖做果醬。

從單純延長水果的食用壽命，到王宮餐桌上的高貴甜點，現在成為每天生活的日常好滋味，果醬的歷史從歐洲擴展到全世界，也許在往後的某時某地，還會有更多奧妙的轉變。

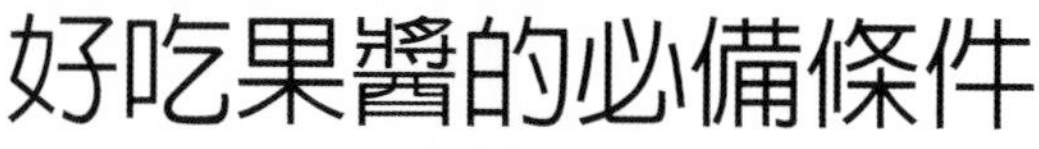

好吃果醬的必備條件

Prerequisites for delicious jam

條件1 使用當季新鮮的水果

台灣因為一年四季都有不同水果可吃，所以我們總以為好的水果新鮮吃，次等水果才加工，這可是錯誤觀念。要做出好吃的果醬，當然必須要選用當季、熟度正好的水果，香氣和味道才會豐郁飽滿。

條件2 適量添加細砂糖

果醬除了水果本身的甜味，還要加砂糖，但是不能過多、過甜（通常以水果1：糖0.8的比例為基本，這樣做出來的果醬糖度約在44度左右）。

細砂糖是最適合做果醬的糖，因為溶化的速度快，比較容易馬上讓甜味均勻滲入水果中，若想增加風味，則可以用蜂蜜或楓糖等取代部份細砂糖。

條件3 預留熟成時間讓味道更有深度

水果的顆粒形狀，可依不同果醬口感需要而保留，通常有切塊、切丁、切條、壓成泥狀等不同類型。剛煮好的果醬不宜馬上食用，要讓糖的甜味完整地滲到果肉裡，必須等待一段時間。在裝瓶冷卻後，約靜置2~3天待其熟成，慢慢醞釀出果醬的美味。

條件4 利用水果本身膠質自然凝膠

水果為什麼可以熬煮成膠質化呢？因為水果本身就含有果膠。但是果醬要自然凝膠，必須果膠、糖、酸等三種成分依一定的比例組合，才能成功地凝成膠狀。

選擇果膠含量豐富的水果如蘋果、柑橘類等，也許不用另外添加果膠，但如果使用如桃子、芭樂等果膠含量較少時，就常會添加果膠，為了讓果醬成型後質地不會太稀。在家自製果醬，不建議添加果膠，自然保留果醬原本應有樣貌，稀一點也無妨。知名手工果醬Christine Ferber的大黃果醬質地就很稀，用果醬刀還不易挖出呢！

製作果醬時也時常使用檸檬汁，主要是用來補足某些酸度不足的水果，以達到凝膠時的比例平衡。檸檬同時也有防止水果在熬煮後顏色變暗沉的效果，使完成的果醬色彩看起來較鮮艷。

條件5 不摻防腐劑與添加物

除了少數香蕉及南瓜等，澱粉質較多的食材必須加點水（也不算添加物）之外，其餘的人工添加物都是多餘的。台灣坊間大量製作的果醬多有添加香料、色素、防腐劑等，這是因為新鮮水果量不足，必須靠香料和色素來加味加色之故。國外廠牌的果醬，幾乎都不加添加物的。

賞味情報 no.3

果醬的美味吃法

Eat delicious jam

全世界最愛吃果醬的應該是歐洲人吧！日本人因為西化早，果醬也幾乎是家家戶戶的必備品。然而果醬只能如我們所知的塗麵包、夾吐司嗎？那可不。

許多法國人會以果醬配起士，沖泡或煮成水果茶，早餐淋在優格上更是絕配。日人五十嵐路美還出了專門食譜，教你用果醬作糕點。

看完本段後，你一定會對原以為不起眼的果醬另眼相待，躍躍欲試地想要嚐試來份標準的法式早餐，或上一盤新鮮的醬醋蔬菜沙拉喔！別忘了挑一個神輕氣爽、陽光普照星期假日清晨，踏上果醬的味蕾之旅，試試新鮮的創意吃法吧！

吃法1 麵包抹上奶油再塗果醬

在法國，美好的一天從果醬開始，咖啡、棍子麵包或是可頌麵包、奶油、果醬，加上一杯柳橙汁，就是標準的法式早餐。

切開的棍子麵包上不要只塗果醬，或是只塗奶油吃，更美味的吃法是：在烤熱的麵包上先抹一層奶油，待奶油被麵包的熱度溶化後，再塗上一層果醬。據說這樣吃起來才會滑潤順口，因為奶油可以降低一些果醬的甜味。法國人會將塗好果醬奶油的麵包浸到咖啡裡，泡得微濕不爛，再拿起來送進嘴裡。覺得怪異嗎？但入境隨俗，我也曾經試過，味道不差，下次去法國時記得學著吃吃看。

吃法2 淋上生菜沙拉享受清爽口感

吃過豐盛的早餐後，午餐可以來點輕食生菜沙拉。這時候，酸酸甜甜、滋美味濃的果醬又可以出來報到了！各式各樣的酒醋、果醋，調配上對味的果醬（最好不要用甜度太高的果醬，以免破壞醋的味道），加上低溫初榨的特級橄欖油，拌入翠綠鮮甜的當季蔬菜，可是時尚女性都不會錯過的健康餐點。

在台灣，最簡單的莫過於將小黃瓜切片、加入色彩鮮豔的甜椒和青椒，撕點萵苣葉，切顆蕃茄，加入自製特調果醬油醋醬汁，裝入美美的保鮮盒中，搭配吐司或法國麵包帶到公司當中餐，免去當老外一族的困擾，還會吸引同事羨慕的眼光喔！

吃法 3 果香濃郁下午茶

下午茶時間到了，來杯俄羅斯式紅茶，先含一小口果醬在嘴裏，配一兩口紅茶吞下，讓果香味在口中與茶香融合在一起，舌頭的味蕾可以一步步充分品嚐到天然原味芬芳。

或是來一球香草冰淇淋澆果醬，退下酷暑的嚴刑逼考。放鬆一下，再衝刺下半場。

吃法 4 肉類與海鮮沾醬更對味

慰勞自己辛勤一天的精采晚餐，也不能少了果醬作陪。不論是選擇肉類還是海鮮，用最簡單少油的方式白灼或煎、烤一下，再調配果醬加醋汁當沾醬，就是最能提味又下飯的吃法。而且還可以免除過度煎煮炒炸所帶來的高油脂熱量。中秋節烤肉時少用點烤肉醬，保留食材的原汁原味，沾點自製的果醬醋汁也不錯！

賞味情報 no.4

世界知名的果醬品牌

World-renowned jam

即使避開熱鬧的鎌倉大街，藏身於小巷，仍然有很多人慕名前來。

logo是一支可愛的小湯匙。

位於鎌倉寧靜住宅區的小店。

簡潔現代的外觀。

名牌果醬 1 口感優雅濃郁的

Romi-Unie Confiture

這是由日本菓子研究家五十嵐 路美(いがらし　ろみ)所開的果醬專賣店，位於日本鎌倉，著名的鎌倉大佛觀光地所在。去日本時，我事先聯絡妥當，專程跑一趟鎌倉去拜訪五十嵐小姐，在她那小小的、溫馨的、來客絡繹不絕的店裡，聽著Romi-Uni果醬專賣店如何誕生的故事。

從小就愛做甜點的五十嵐，一直覺得為何市售果醬和手工果醬味道上差異如此大呢？試吃比較之下，才知道那種可以明顯分辨出的清新滋味，正是因為手工製作之故。年輕的五十嵐心想，如果能有人賣這樣有著鮮美滋味的手作果醬就好了！沒想到，這樣的心願竟是由自己來實踐。

日本菓子研究家——五十嵐 路美。

店內自製英式鬆餅，搭配一小盆果醬即可食用。

店內陳列溫馨，來客絡繹不絕。

隨著季節變化而有上百款的果醬。

因為從小愛做甜點，日本短大畢業後的五十嵐，前往法國學習製作法式甜點。在法國，和各式各樣的果醬有了不同的邂逅。異國水果的特殊風味，加上香草、香料、酒等多樣創意的組合，讓五十嵐開啟了對果醬的新視界。而且，對她來說，果醬像是連繫著法式甜點的精神所在，於各式甜點的學習中，最令人沉迷。

店內沒有多餘裝潢，只用擺設營造氛圍。

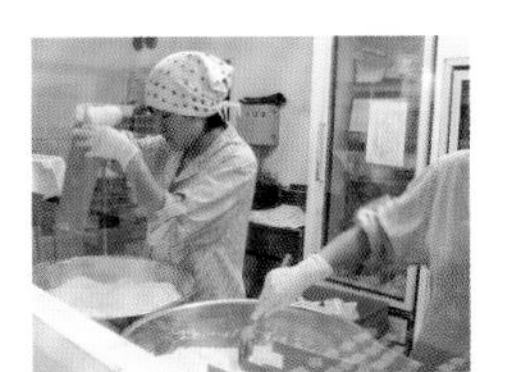

店員正在包裝自家配方的銷售用鬆餅粉。

每100公克360日圓，可自帶容器去零買。

每一罐果醬售價約500～600日幣。

隨著季節轉換而不同的食材應用、在煮果醬時觀察水果變化、完成後試吃的樂趣、裝瓶送禮並期待著收禮人打開品嚐的那一刻……等等，這些許多說不盡的小小喜悅，都因製作果醬而獲得。也正因為如此，自法國學成回國後，五十嵐從試辦一些品嘗會開始，於2003年正式成立「Romi-Unie Confiture」專賣果醬，不僅是在日本，於全世界也算是少見的果醬專賣店了。

名牌果醬 2 鄉村配方風靡全球的

Christine Ferber

這是法國甜點女廚師Christine Ferber的同名品牌果醬，受到全世界的美食界矚目。Ferber出身烘培之家，父親於阿爾薩斯鄉下Niedermorschwihr小鎮開設雜貨店，除了麵包、甜點之外，還銷售水果、蔬菜、日用品等許多生活雜貨。

目前Ferber家的雜貨店，是鎮上僅存的雜貨店，也是唯一的商店（鎮上連郵局和小咖啡館都沒有），但卻因Christine Ferber果醬的聲名大噪，為這人口僅400人的小鎮帶來許多觀光客，而且，也提供了村民許多工作機會。

因為極其美味，還獲得法國著名主廚Alain Ducasse（獲得米其林三度授予★★★榮耀的廚師！）推薦，在美食圈內早已名聲遠播，目前行銷全世界。即使如此，它仍然保留幾個難能可貴

的特點，也因為這些特點，才讓她製作的果醬獲得許多法國大賞的榮耀。這些特點包括：

一、到目前為止仍堅持小量、完全手工製作，每鍋成品少於4公斤。

二、大量採用阿爾薩斯當地當季的好品質水果，那些水果只在晴天的大清早和傍晚採收，以避開大太陽和雨水破壞水果風味。

三、果醬製作通常在採收當天或最慢於採收隔天就製作完成。

Christine Ferber製作果醬常以畫作為創意，先在心中想像一幅畫，再將那畫中的色彩於一瓶瓶果醬中實現。在人人都有家傳果醬食譜的阿爾薩斯，父母皆不看好的情況下，果醬在雜貨店一瓶瓶被賣出，從小鎮蔓延到全世界，擄獲了大家的心。我覺得，與其說Ferber作的是果醬，不如說她把果醬製作提升到法國料理般的境界，讓小小果醬榮登世界美食舞臺之上。

PART

2

DIY基本功夫

不需要精雕細琢的刀功，不需要常年累積的火候控制力，只要會切水果、會熬煮、會裝瓶，就會果醬DIY。

製作果醬之前

發揮味覺和視覺的想像力，把鍋子當成調色盤，大膽地嘗試，創作出獨一無二的My Confiture！

如何開始製作一款果醬呢？撇開製作過程不談，讓我們先想想要用什麼水果或食材去搭配？要如何挑選？是要送朋友或自用？

首先，先由當季盛產的水果中，挑選自己平常愛吃，希望季節過後仍能有機會品嘗的水果，例如柳丁、芒果、草莓等。如果覺得品嘗單味果醬不過癮，再來想像這種水果和他種水果、香草、花朵、或酒類等其他食材一起搭配的味道如何。

水果最好可以使用無農藥栽培的，尤其是想要連皮一起食用或無果皮包覆的種類，如芭樂、草莓等。考慮搭配的他種水果時，當然也是從當季盛產水果中挑選，盡量避開非產季的水果，以免吃到有些為延長保存所塗上的藥劑。

進口水果雖然也可使用，但比起現採現賣的當季本產水果，在鮮度和風味上還是差了一些。除了水果，一些根莖類蔬菜也可以拿來做成果醬，例如地瓜、南瓜、紅羅

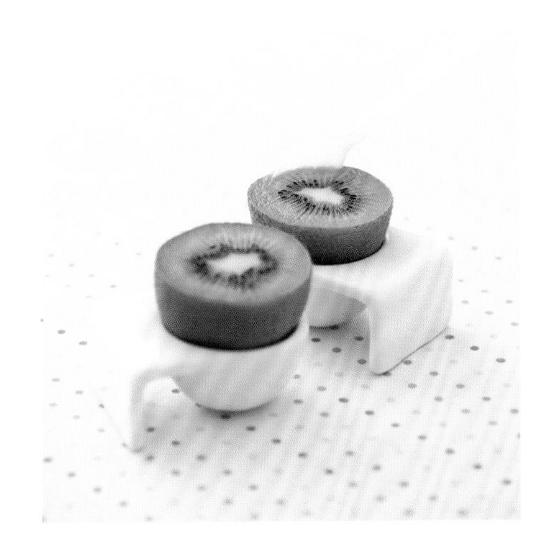

萄、栗子等，日本甚至常見到五穀雜糧與堅果類做成的果醬。

至於可搭配的其他食材，就要發揮自己的想像力和飲食經驗了。普遍可以搭配果醬一起熬煮的，花草類（包含香料）中有薄荷、迷迭香、肉桂、薰衣草、香草莢、玫瑰果、玫瑰花、菊花等；調味料有薑、黑胡椒等；酒類有紅酒、白酒、蘭姆酒等。鮮奶、鮮奶油、茶、咖啡、楓糖、蜂蜜等，也常常躍升為主角，做成焦糖牛奶醬、奶茶醬等。

如果是做來送禮的果醬，還要考慮外觀上的視覺效果。是否要保留多一點的果塊，讓水果含量看來更飽滿？是否要挑選熬煮後，色澤呈現較佳的水果，如草莓等？想要包裝裝飾一下的話，可以找個漂亮的小玻璃瓶，剪塊花布蓋在瓶蓋上，再用細麻繩繫緊，任何收到的人一定會著迷於這個漂亮的小瓶子，等他們知道是您自製的果醬時，更會大為感動。

DIY所需的鍋碗瓢盆

製作果醬不必大費周章張羅特別的工具，講究的人可以去買專業一點的，但一般來說，家裡常用的鍋具就已經夠用了。

大玻璃盆

攪拌水果、砂糖和其他材料用。

不鏽鋼鍋

熬煮果醬用，講究一點可以用銅鍋，但台灣不易買到。

電子秤

秤重用。

防熱手套

將果醬裝瓶時隔熱用。

耐熱橡膠蛋糕刮刀

攪拌水果、砂糖和其他材料用。

玻璃瓶含瓶蓋

用來保存已熬煮完成的果醬，取用較方便。

除泡沫網狀匙

撈起熬煮時產生的浮沫，可用一般湯匙或濾網匙取代。

醬汁匙

果醬裝瓶用，可用一般西餐喝湯的大湯匙代替。

製作果醬的標準步驟

果醬的製作程序大同小異，差別只在不同食材的
事先處理方式不同。

果粒大小可依喜好變化

果醬依果肉與果皮的口感差異，分為泥狀、細條狀、薄片、塊狀等不同型態，端看各人喜好的果粒形狀和口感而定。一瓶果醬中可以有2種以上的果粒型態。

裝瓶影響保存期限

若以柑橘類果皮做果醬，必須預煮去苦味，再續煮至軟化，在葡萄柚果醬和柳丁果醬中有詳細說明。如果能小心注意裝瓶時的細節，則可以延長保存期限。一般來說裝瓶完整的果醬，可在室溫中保存約六個月，除非含有牛奶這類不耐久放的材料，否則可以等到開封使用後才冷藏保存。

DIY標準動作示範
蘋果果醬

這裡以蘋果果醬為例，將基本標準步驟和該注意之細節詳細說明如下，在後面的各食譜中就不再贅述。
本書中食譜所準備的材料份量，約可做成300g的果醬

a 蘋果300公克。 b 細砂糖210公克（水果的70%）。 c 中型檸檬一顆（取檸檬汁）。

A 消毒果醬瓶

先將玻璃瓶和瓶蓋用沸騰的熱水燙過消毒，擦乾備用。這個動作要先做好，把要用的乾淨玻璃瓶放至一旁易取得處，才不會要裝瓶時手忙腳亂。

B 正確秤重

去除不用的果皮和果核後所得重量，才是食譜材料中使用的水果量。記得放上容器之後，將電子秤歸零，再放上材料，才會量到正確的重量。

C 處理食材

將一半的蘋果用果汁機打碎，一半切成厚約2mm的1cm x 1cm小方型薄片，一起放入大玻璃盆中。先將檸檬汁加入大玻璃盆中拌勻，再拌入細砂糖。

D 熬煮

將所有材料倒入不銹鋼鍋中，開中強火煮至沸騰，熬煮時要經常攪拌，避免沾鍋。果醬熬煮時會不斷出現白色泡沫，在攪拌同時也要撈起沫渣，一直到泡沫呈現透明光澤，即可熄火。熬煮時間約15～20分鐘。

E 裝瓶

熄火後趁熱立即裝瓶，這一點很重要，一來可以利用果醬的熱度達到瓶蓋殺菌的效果，二來可以避免果醬在鍋中繼續受餘熱悶煮。裝瓶時要避免空氣進入，裝到不能再裝，即將滿出的程度才鎖蓋，否則不容易達到真空狀態。

盡量取固態果粒的部份裝瓶，這樣比較容易達到果醬的凝膠效果。裝瓶完剩下的液態果汁，可以另外留起來沖成水果茶或加入紅茶中飲用，是一大美味。

F 保存

鎖蓋後立即倒罐，可以同時達到真空和瓶蓋殺菌的效果。倒罐後，要等到完全冷卻才擺正，期間盡量不要搖晃到瓶子，以免影響果醬凝膠。

不開罐的話，常溫可保存約6個月，開罐後需冷藏，並盡量於3周內食用完畢。在瓶底貼上自製標籤，寫上製作和保存日期，才不會忘記。若要送人，可以蓋上花布，繫上細麻繩。

PART 3

動手做果醬

果醬DIY真的很輕鬆、容易，不用太多工具，也不會弄得廚房一團油煙，更重要的是，做過一、二次之後就會上手，讓你很快對自己的手藝自信滿滿喔！

草莓果醬

strawberry

MATERIALS

a　草莓300公克（台灣種的小顆草莓風味最佳，最好可以找到減農藥或無農藥栽培的）。

b　細砂糖210公克（水果的70%）。

c　中型檸檬一顆（取檸檬汁）。

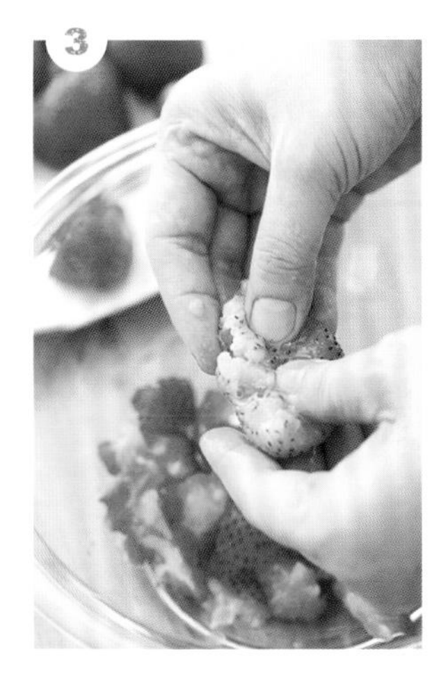

 STEPS

1 將草莓洗淨後，以刀尖去蒂。

2 取草莓300公克。

3 用手一顆顆微微捏碎（不用捏太爛），放入大玻璃盆中。

講到果醬，多數人都偏好草莓果醬，所以在果醬食譜書中，缺了草莓這款好像就不成書。草莓果醬之所以廣受歡迎，是因為莓類果膠含量豐富，製作最為容易。大多數小朋友都喜歡草莓，產季時多做幾瓶保存，讓孩子從小就記得媽媽的滋味！

其他建議食譜：草莓柳橙果醬、草莓黑胡椒果醬…

4　先將檸檬汁加入大玻璃盆。

5　倒入210公克的細砂糖。

6　將所有材料拌勻。

7 倒入不銹鋼鍋中，開中強火煮至沸騰，不時從底部攪拌，以防沾鍋。

8 沸騰後，一邊撈除白色浮沫一邊攪拌。

9 直至浮沫不再出現，泡沫呈現光澤即可熄火。

10 熄火後趁熱裝瓶，鎖蓋後立即倒罐，靜置待涼。

草莓紅酒果醬

strawberry & wine

a 草莓300公克（台灣種的小顆草莓風味最佳，最好可以找到減農藥或無農藥栽培的）。

b 細砂糖210公克（水果的70%）。

c 中型檸檬一顆（取檸檬汁）。

d 紅葡萄酒50cc（選擇較不甜的紅酒）。

步 驟 STEPS

1 將草莓洗淨後，以刀尖去蒂。

2 取草莓300公克。

3 用手一顆顆微微捏碎（不用捏太爛），放入大玻璃盆中。

4 先將檸檬汁加入大玻璃盆。

5 倒入210公克的細砂糖和50cc的紅葡萄酒。

6 將所有材料拌勻。

7 倒入不銹鋼鍋中，開中強火煮至沸騰，不時從底部攪拌，以防沾鍋。

8 沸騰後，一邊撈除白色浮沫一邊攪拌。

9 直至浮沫不再出現，泡沫呈現光澤即可熄火。

10 熄火後趁熱裝瓶，鎖蓋後立即倒罐，靜置待涼。

STRAWBERRY

鳳梨百香果果醬

pineapple & granadilla

MATERIALS

a　鳳梨240公克（金鑽鳳梨纖維細、甜度高，較適合做果醬）。

b　百香果2顆。

c　細砂糖180公克（水果的60%）。

d　中型檸檬一顆（取檸檬汁）。

 STEPS

1 去除不用的果皮和鳳梨心。
2 秤240公克實際的水果量。

挑選葉片未鬆脫，果皮一半呈現金黃色、一半呈現淺綠色，有重量感者為佳。

鳳梨、芒果、百香果、木瓜等，都被歸類為熱帶水果，歐洲的果醬品牌喜歡兩兩做成一款果醬，如鳳梨木瓜、鳳梨芒果、百香果芒果等，再標上Tropical Jam的美麗名字。

其他建議食譜：鳳梨薑汁果醬、鳳梨木瓜果醬…

3 將片狀鳳梨切成厚約5mm的小塊狀，放入大玻璃盆中。

4 百香果切半，挖出果粒和果汁，放入大玻璃盆中。

5 在大玻璃盆中擠出檸檬汁。

6 秤量180公克的細砂糖，倒入盆中。

7 將所有材料拌勻。

8 所有材料倒入不銹鋼鍋中。

9 開中強火熬煮，期間可用木勺稍微將鳳梨壓碎。

10 煮至沸騰後，會出現浮沫。

11 不時從底部徹底攪拌一下，以防沾鍋。

12 一邊攪拌一邊撈除浮沫。

13　一直到浮沫不再出現、泡沫呈現光澤，即可熄火。

14　熄火後趁熱裝瓶，鎖蓋後立即倒罐。

14

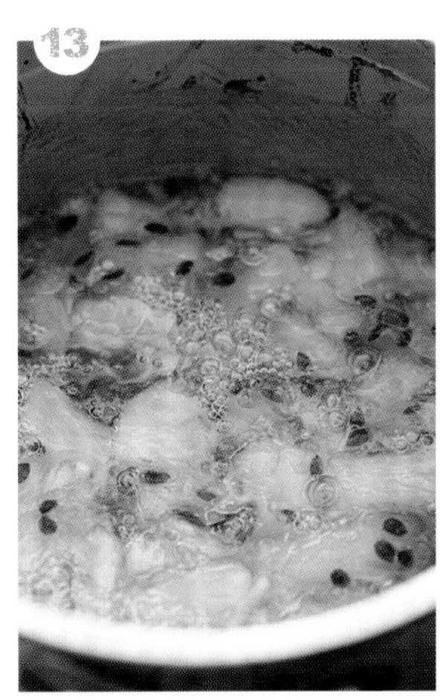
13

鳳梨果醬

pineapple

材料 MATERIALS

a 鳳梨300公克（金鑽鳳梨纖維細、甜度高，較適合做果醬）。

b 細砂糖150公克（水果的50%）。

c 中型檸檬一顆（取檸檬汁）。

步驟 STEPS

1 去除不用的果皮和鳳梨心後，秤得300公克。

2 將鳳梨切厚約5mm的小小扇形片，放入大玻璃盆中。

3 先將檸檬汁加入大玻璃盆中拌勻，再拌入細砂糖。

4 所有材料倒入不銹鋼鍋中，可稍微將鳳梨壓碎，開中強火煮至沸騰，不時從底部徹底攪拌一下以防沾鍋。

5 沸騰後邊撈除白色浮沫邊攪拌，直至浮沫不再出現，泡沫呈現光澤即可熄火。

6 熄火後趁熱裝瓶。鎖蓋後立即倒罐。

柳橙黑胡椒果醬

orange & pepper

黑胡椒可以突顯水果的香甜。有次在法國友人家用餐，餐後甜點是一碗新鮮草莓浸漬在柳橙汁中，外加一罐黑胡椒。朋友一邊打趣著我狐疑的表情，一邊要我快快試試看。在看到我從吃驚轉為頻頻加入更多的黑胡椒時，大家都笑開了。

其他建議食譜：柳橙葡萄柚果醬、柳橙百香果果醬…

材料 MATERIALS

- a 柳橙（柳丁）300g（如果連皮一起使用，最好能找到無農藥栽培者，在欉完熟的，風味更佳）。
- b 磨碎的黑胡椒少許。
- c 中型檸檬一顆（取檸檬汁）。
- d 細砂糖180g（果皮+果肉重量的60%）。

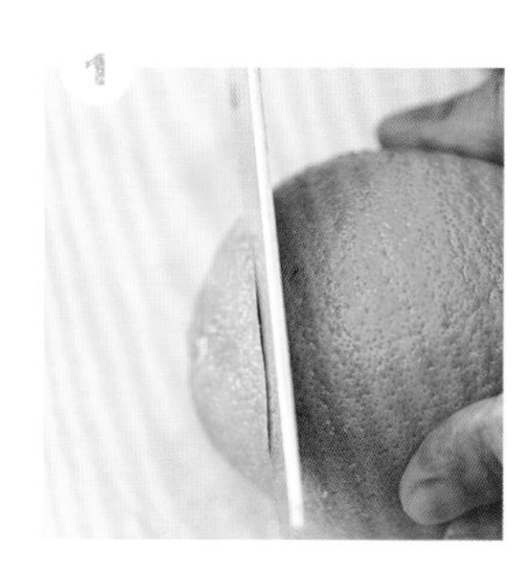

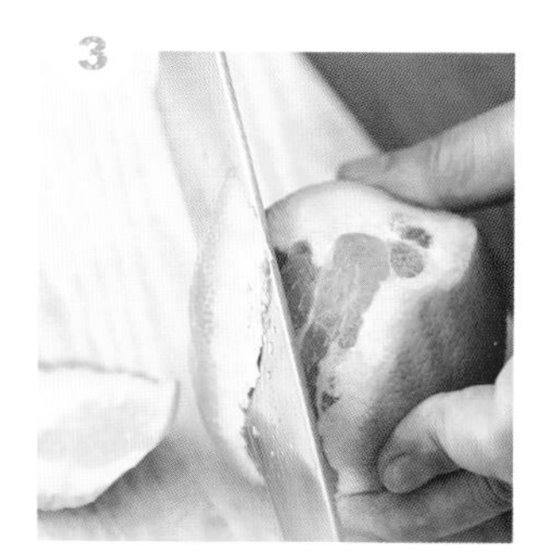

STEPS

處理果皮

1. 柳橙以清水沖洗乾淨後，將蒂頭切除。
2. 果皮表面如果有瑕疵，可以局部削除。
3. 以由上往下縱切方式，一片一片切下柳橙皮（含內層白膜部分）。

處理果肉

4. 果肉切除內膜。
5. 一瓣一瓣用刀子取出。
6. 去籽。

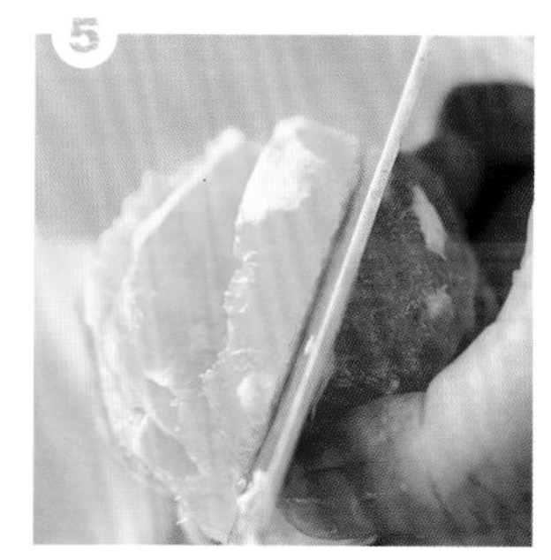

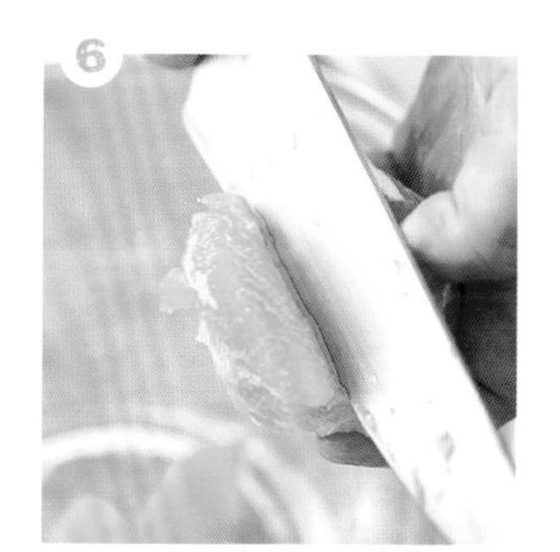

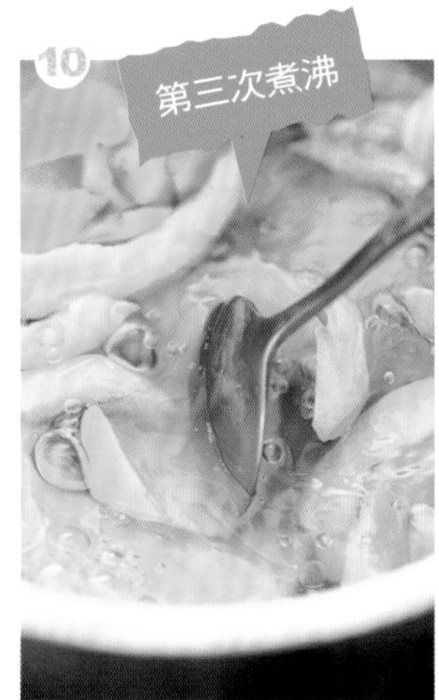

7　將取得之果肉和果皮一起秤量總重量共300公克。

8　第一次煮沸

將柳橙皮單獨放入鍋中，加適量水至可淹蓋果皮處，開火煮至沸騰即熄火。

9　第二次煮沸

取出果皮瀝乾，鍋中重新換水，重複再將果皮放入，再一次煮至沸騰。

10　第三次煮沸

取出果皮瀝乾，鍋中重新換水，此次水量稍多，將柳橙皮放入煮至沸騰後關小火，續煮至果皮軟化，用湯匙即可以輕易截斷為止（約需40~50分鐘）。

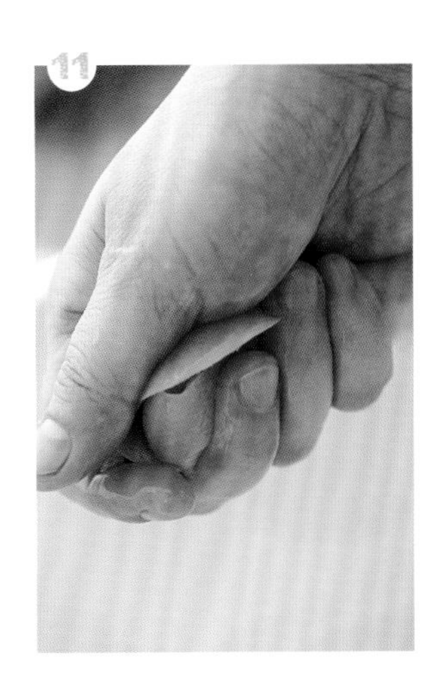

11 瀝乾果皮，待稍涼後用手捏乾水份。

12 將果皮切成細長條狀（也可一半切細條狀、一半用食物調理機打碎）。

13 將果肉剝成小塊，與切碎的果皮一起放入大玻璃碗中。

14 先將檸檬汁加入大玻璃盆中。

15 再放入細砂糖。

16 將所有材料輕輕拌勻。

17 將所有材料倒入不銹鋼鍋中，開中強火煮至沸騰，每隔一段時間，從底部徹底攪拌一下以防沾鍋。

18 沸騰後，一邊撈除白色浮沫一邊攪拌。

19 直至浮沫不再出現，泡沫呈現光澤。

20 熄火前將黑胡椒加入，攪拌均勻。

21 熄火後趁熱裝瓶，鎖蓋後立即倒罐。

柳橙果醬

orange

材料 MATERIALS

- a 柳橙300公克（柳丁也可以，最好能找到在欉完熟的，風味最佳。因為連皮一起使用，最好選擇無農藥栽培的）。
- b 細砂糖180公克（水果的60%）。
- c 中型檸檬一顆（取檸檬汁）。

步驟 STEPS

1. 將柳橙去蒂，並切掉果皮表面瑕疵處，然後以由上往下縱切方式，一片一片切下柳橙皮（含內層白膜部分）。
2. 果肉一瓣一瓣用刀子取出，去籽後，將取得之果肉和果皮一起秤量300公克。
3. 將柳橙皮單獨放入鍋中，加適量水至可淹蓋果皮處，開火煮至沸騰即熄火。
4. 取出果皮瀝乾，鍋中重新換水，重複再將果皮放入再煮沸一次。
5. 取出果皮瀝乾，鍋中重新換水，此次水量稍多，將柳橙皮放入煮至沸騰後關小火，續煮至果皮軟化，用湯匙可以輕易截斷為止（約需40～50分鐘）。
6. 瀝乾果皮，待稍涼後用手捏乾水份，切成細條狀（也可一半切細條狀、一半用食物調理機打碎）連同剝成小塊之果肉一起放入大玻璃碗中。
7. 先將檸檬汁加入大玻璃盆中拌勻，再拌入細砂糖。
8. 將所有材料倒入不銹鋼鍋中，開中強火煮至沸騰，不時從底部攪拌，以防沾鍋。
9. 沸騰後，一邊撈除浮沫一邊攪拌，直至浮沫不再出現，泡沫呈光澤即熄火。
10. 熄火後趁熱裝瓶，鎖蓋後立即倒罐。

葡萄玫瑰果醬

grapes & rose

材料 MATERIALS

- a 霧峰葡萄300公克。
- b 乾燥玫瑰花5～6朵or玫瑰花瓣5公克左右。
- c 細砂糖150公克（約為水果的50%）。
- d 中型檸檬一顆（取檸檬汁）。

麗香碎碎念

葡萄果醬做起來比較費工，因為需要一小顆一小顆先剝皮去籽。所有品種中，又以台灣本土品種的霧峰葡萄最適合做成果醬。自製玫瑰葡萄果醬時，室內散發的玫瑰花香久久不散，勝過任何一種花香精油。

其他建議食譜：葡萄百香果果醬、葡萄香草果醬…

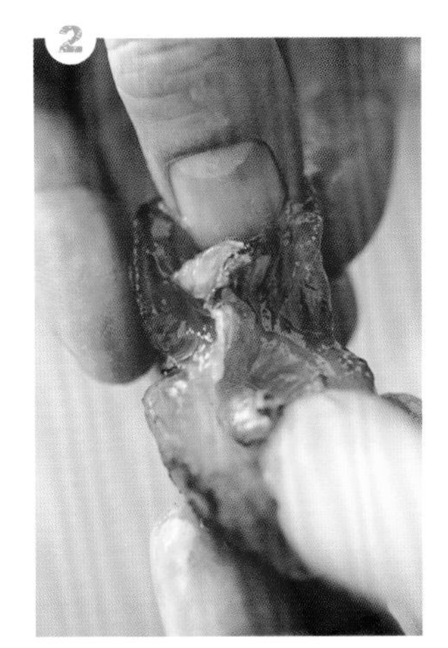

步驟 STEPS

1 將葡萄去皮。

2 葡萄肉對剝成2塊，去籽。

3 秤量300公克的葡萄。

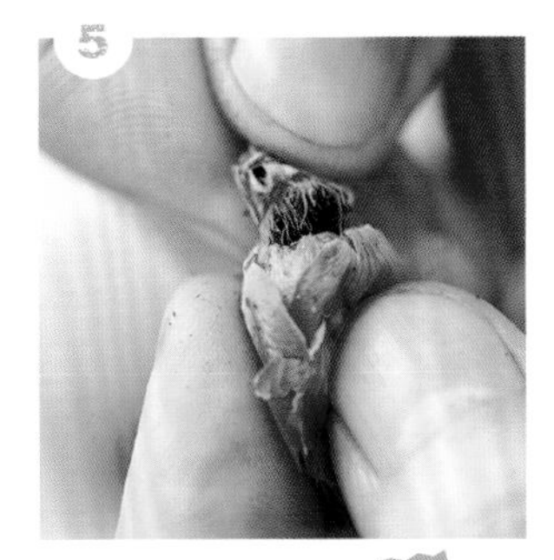

4、5、6、7 處理玫瑰花

採除中心蕊，去除花萼部分，將玫瑰花剝成一瓣瓣（注意：玫瑰花不可熬煮太久，會有苦味。若去除浮沫的時間不易掌控，玫瑰花瓣可於撈除浮沫後，再中途加入）。

8 將一朵朵已散開的花瓣放入大玻璃盆中，再加入檸檬汁。

9 倒入細砂糖。

10 將所有材料拌勻。

11 將所有材料倒入不銹鋼鍋中，開中強火煮至沸騰，不時從底部徹底攪拌一下，避免沾鍋或燒焦。

12 沸騰後，一邊撈除白色浮沫一邊攪拌，直至浮沫不再出現，泡沫呈現光澤即可熄火。

13 熄火後趁熱裝瓶，鎖蓋後立即倒罐。

葡萄果醬

grapes

材料 MATERIALS

a 霧峰葡萄300公克。
b 細砂糖150公克（水果的50%）。
c 中型檸檬一顆（取檸檬汁）。

步驟 STEPS

1 將葡萄去皮，葡萄肉剝成2塊去籽，秤得300公克後放入大玻璃盆中。
2 先將檸檬汁加入大玻璃盆中拌勻，再拌入細砂糖。
3 將所有材料倒入不銹鋼鍋中，開中強火煮至沸騰，不時從底部徹底攪拌一下，以防沾鍋。
4 沸騰後，一邊撈除白色浮沫一邊攪拌，直至浮沫不再出現，泡沫呈現光澤即可熄火。
5 熄火後趁熱裝瓶。
6 鎖蓋後立即倒罐。

芒果香草果醬

mango & vanilla

材 料

MATERIALS

- a 愛文芒果300公克。
- b 香草莢半根。
- c 中型檸檬一顆（取檸檬汁）。
- d 砂糖120公克（水果的40%）。

麗香碎碎念

很難形容香草，味道淡雅，但存在感非常明顯。早期因為很難買到香草莢，學校烹飪課做菜時，大家都到食品化工行買藥錠狀香草精，一度以為那就是真的香草味。一旦聞到真的香草籽味，就很難接受加香草精的布丁了。天然的，還是最好。

其他建議食譜：芒果檸檬果醬、芒果波特酒果醬…

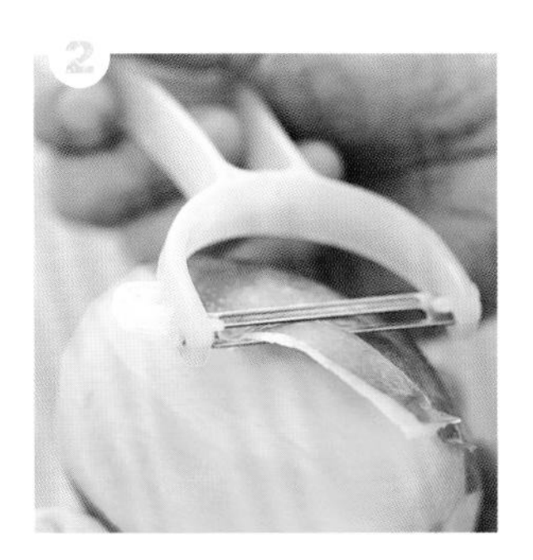

1. 將芒果以清水沖洗乾淨，擦乾後切除尾端。
2. 去皮、去核。
3. 秤量300公克的芒果果肉備用。
4. 切成約3cm x 3cm 的小塊，放入大玻璃盆中。
5. 在大玻璃盆中加入檸檬汁。

6 接著倒入120公克砂糖。

7 均勻攪拌所有材料。

8 可稍微用木勺將芒果塊壓碎。

9 將所有材料倒入不銹鋼鍋中，開中強火煮至沸騰，不時從底部徹底攪拌一下，以防沾鍋。

10 沸騰後，一邊撈除白色浮沫一邊攪拌。

11 直到浮沫消失，泡沫呈現光澤為止。

12　將香草莢縱切開來。

13　用刀尖刮出香草籽。

14　在鍋中加入香草籽，攪拌均勻即可熄火。

15　熄火後趁熱立即裝瓶，然後倒罐靜置。

芒果橙汁果醬

mango & orange

材料 MATERIALS

a 愛文芒果300公克

b 柳橙原汁50c.c.。

c 中型檸檬一顆（取檸檬汁）。

d 砂糖90公克。

步驟 STEPS

1 將芒果去皮、去核後，切成約3cm x 3cm 的小塊，放入大玻璃盆中。

2 接著加入柳橙汁、檸檬汁及細砂糖，攪拌均勻。

3 攪拌時可稍微用木勺將芒果塊壓碎。

4 將所有材料倒入不銹鋼鍋中，開中強火煮至沸騰，不時從底部徹底攪拌一下，以防沾鍋。

5 沸騰後，一邊撈除白色浮沫一邊攪拌，直至浮沫不再出現，泡沫呈現光澤即可熄火。

6 熄火後趁熱立即裝瓶，鎖蓋後倒罐靜置放涼。

MANGO

蜂蜜檸檬果醬

honey & lemon

材 料
MATERIALS

a 檸檬皮150公克(如果連皮一起使用,最好能找到無農藥栽培的)。
b 蜂蜜75公克。
c 細砂糖75公克。

麗香碎碎念

台灣真是農改技術王國,每年都會出現新品種的水果。試做果醬時,正值夏季檸檬盛產期,市面上除了傳統的檸檬外,還有無籽檸檬,皮薄、汁多。但試用之下,一如往常,發現還是傳統檸檬的滋味最好。無籽檸檬用來方便,但果香味略遜一籌,做果醬時皮也太薄,口感不佳。

其他建議食譜:檸檬蘋果果醬、檸檬芭樂果醬…

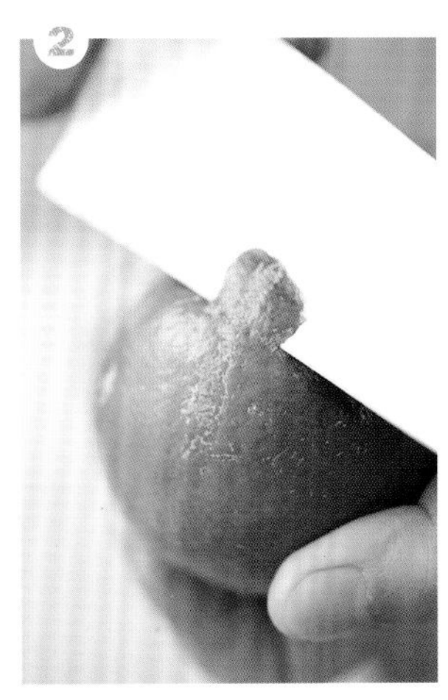
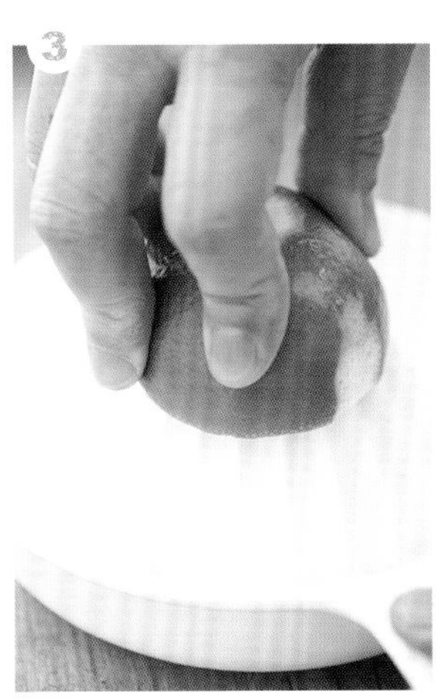

 STEPS

1 檸檬以清水洗淨後，切除蒂頭。

2 因為連皮製作，所以最好切除表皮瑕疵，口感較好。

3 將檸檬切半，擠出檸檬汁。

4 秤量150公克的檸檬皮備用。

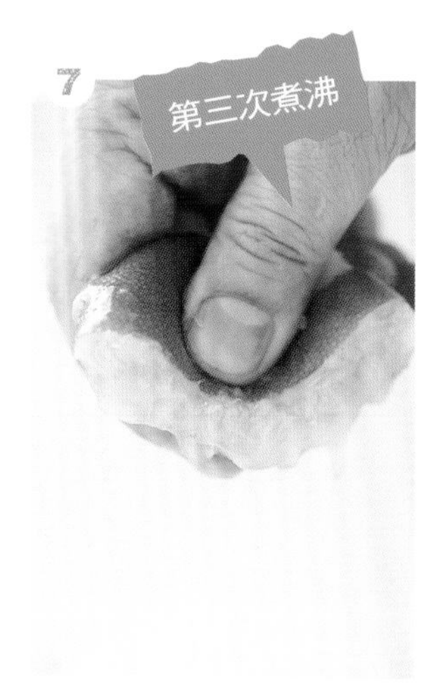

5 第一次煮沸

將檸檬皮單獨放入鍋中，加水至完全淹蓋果皮處，開火煮至沸騰即熄火。

6 第二次煮沸

取出果皮瀝乾，鍋中重新換水，重複再將果皮煮至沸騰一次。

7 第三次煮沸

取出果皮瀝乾，鍋中重新換水，此次水量稍多，將檸檬皮放入，煮至沸騰後關小火，煮至果皮軟化，用湯匙可以輕易截斷為止（約需40~50分鐘）。

8 瀝乾果皮，待稍涼後剝除果肉膜層，再切成細條狀，放入大玻璃盆中。

9　在大玻璃盆中加入75公克的細砂糖。

10　再倒入75公克蜂蜜。

11　用刮刀輕輕將所有材料拌勻。

12　將所有材料倒入不銹鋼鍋中，開中強火煮至沸騰，不時從底部徹底攪拌一下，以防沾鍋。

13、14 白色泡沫→透明泡沫

沸騰後，一邊撈除白色浮沫一邊攪拌，直至浮沫不再出現，泡沫呈現光澤即可熄火。

15　熄火後趁熱裝瓶，鎖蓋後立即倒罐。

葡萄柚果醬

grapefruit

材料 MATERIALS

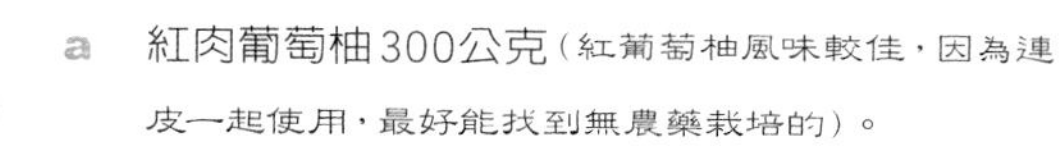

a 紅肉葡萄柚300公克（紅葡萄柚風味較佳，因為連皮一起使用，最好能找到無農藥栽培的）。

b 細砂糖210公克（果皮+果肉重量的70%）。

麗香碎碎念

台灣栽種的葡萄柚，汁多、纖維細，紅果肉的葡萄柚風味更勝黃果肉。做成果醬後會剩下很多水果糖漿，可以留下來加入紅茶或花草茶中，讓人讚不絕口，可不要輕易丟掉喔！

其他建議食譜：葡萄柚薄荷果醬、葡萄柚楓糖果醬…

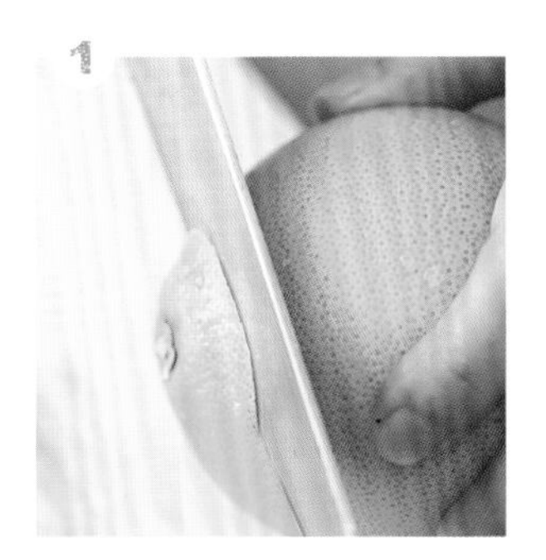

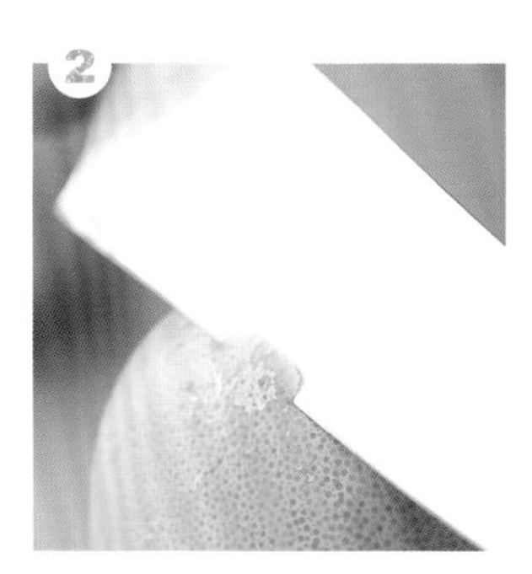

 STEPS

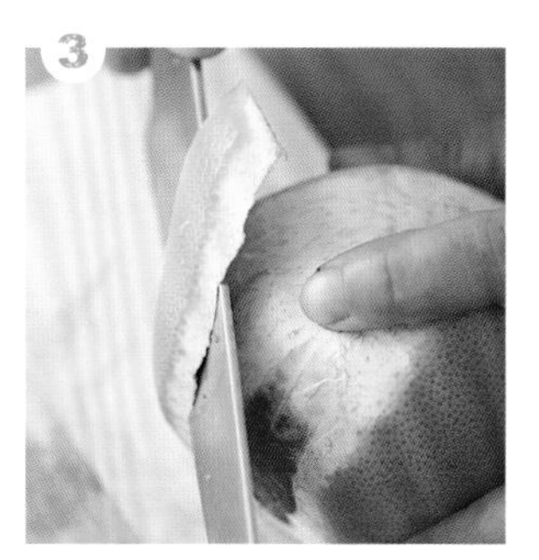

1 將葡萄柚清洗乾淨後，切去蒂頭。
2 切除果皮表面上的瑕疵處。
3 由上往下縱切方式，一片一片切下葡萄柚皮（含內層白膜部分）。
4 去皮之後，用刀子一瓣一瓣取出果肉。
5 將附著於果肉上的內膜剝離並去籽。
6 將取得之果肉和果皮一起秤量，連皮帶肉共300公克。

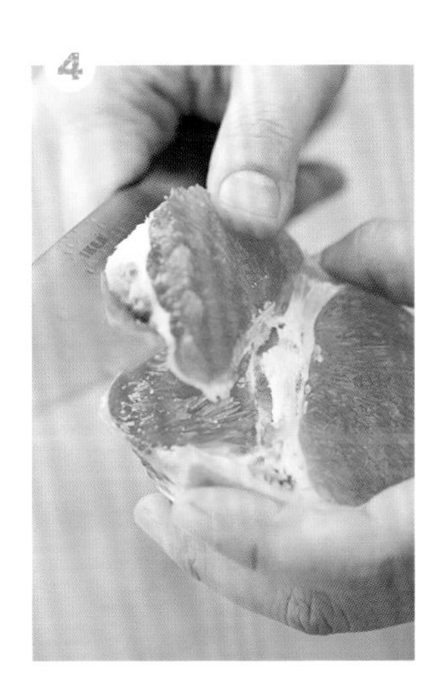

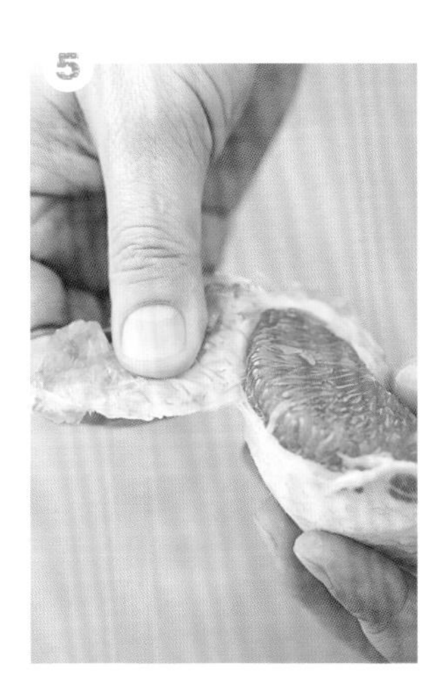

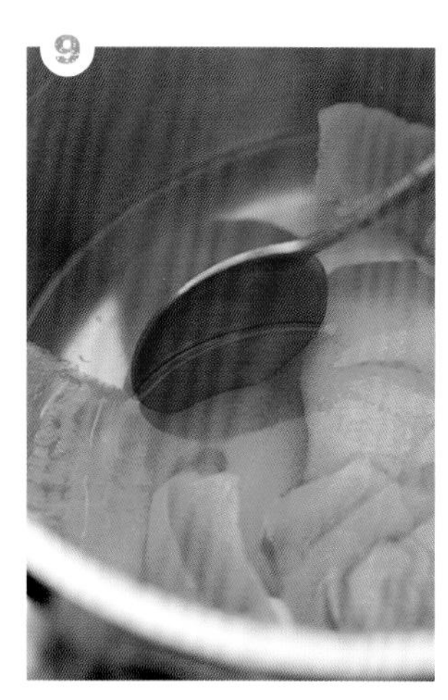

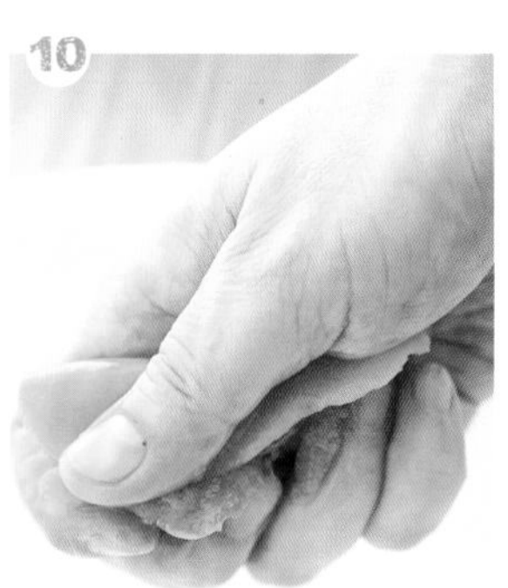

7　將葡萄柚皮單獨放入鍋中，加適量水至可淹蓋果皮的位置，開火煮至沸騰即熄火。

8　取出果皮瀝乾，鍋中重新換水，重複再將果皮放入煮至沸騰一次。

9　取出果皮瀝乾，鍋中重新換水，此次水量稍多，將葡萄柚皮放入煮至沸騰後關小火，續煮至果皮軟化，用湯匙可以輕易截斷為止（約需30~40分鐘）。

10　瀝乾果皮，放涼後用手捏乾水份。

11　**可依喜好決定粗細**

將果皮切成細條狀，或一半切細條狀一半用果汁機打碎。

12　果肉用手剝成小塊狀，與果皮絲一起放入大玻璃碗中。

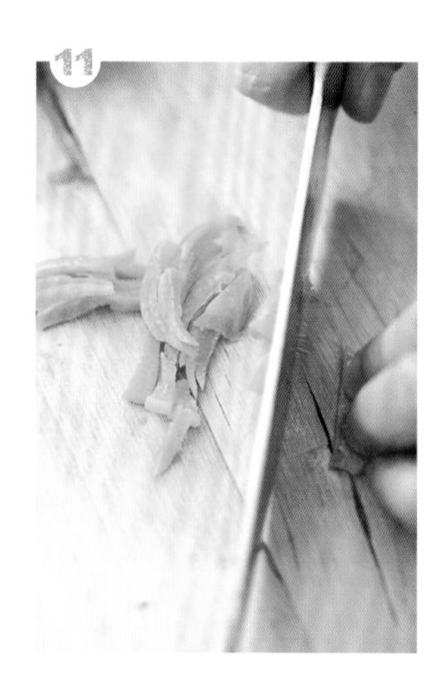

13　將細砂糖加入大玻璃盆中拌勻。

14　將所有材料倒入不銹鋼鍋中，開中強火煮至沸騰，不時從底部徹底攪拌一下，以防沾鍋。

15　沸騰後撈除浮沫至浮沫不再出現，泡沫呈現光澤即熄火。

16　熄火後趁熱裝瓶，鎖蓋後立即倒罐。

奶茶果醬

tea with milk

材料

MATERIALS

- a 鮮奶100c.c.。
- b 無糖鮮奶油100c.c.。
- c 細砂糖50公克。
- d 碎型紅茶茶葉3公克，入茶袋中（或紅茶茶包1個，也可用加味紅茶如伯爵等）。
- e 檸檬汁2～3滴（凝結果醬用，量不可多）。

步驟 STEPS

1 將茶葉裝入茶袋中備用。
2 鮮奶入鍋滾沸後，放入茶袋再煮5分鐘。

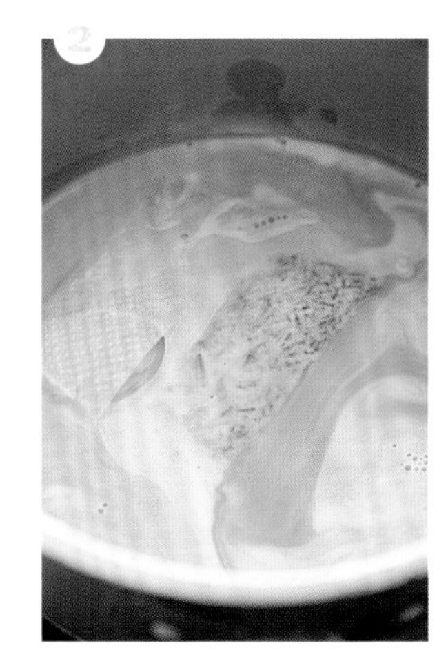

麗香碎碎念

我從小不喜歡直接喝鮮奶，害怕那股奶腥味，長大後卻對加了牛奶的食物喜愛不已。喝奶茶絕對只加純鮮奶，拒絕所有人工奶精；喜歡拿鐵，咖啡和鮮奶的比例要1：1；愛濃湯，只要對味的就不放過加鮮奶的機會。小時候沒喝夠的，現在應該都補回來了吧！

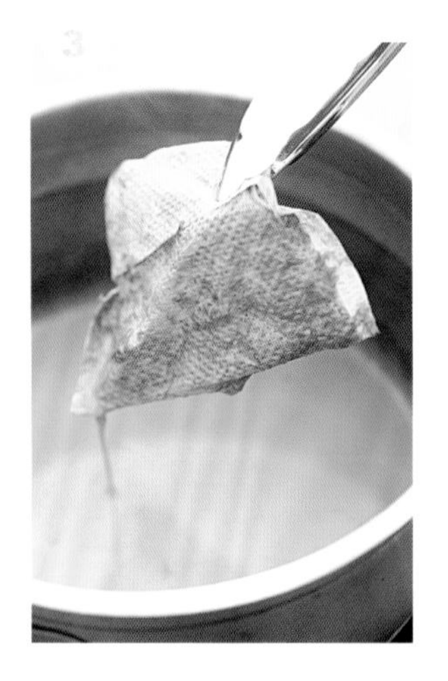

3 取出茶袋。

4 加入無糖鮮奶油100c.c。

5 倒入砂糖50公克後，繼續煮5分鐘。

6 加入檸檬汁2～3滴拌勻（檸檬汁不可多，2、3滴即可，以免造成奶水分離）。

7 當果醬凝結到約可從木勺上慢慢滴落的程度，即可熄火（約10分鐘，也可不滴入檸檬汁，約需小火熬煮1小時）。

8 趁熱裝瓶，鎖蓋後立即倒罐，冷卻後請置入冰箱保存。

6
檸檬汁有快
速凝結效果

7
注意濃稠度

8

香蕉黑巧克力果醬

banana & chocolate

材料 MATERIALS

- **a** 香蕉300公克（芭蕉、佛手蕉等口感較脆，不適合用來做果醬）。
- **b** 60%黑巧克力50公克。
- **c** 細砂糖180公克（水果的60%）。
- **d** 水50c.c.。

麗香碎碎念

初接觸日本的果醬時，對於香蕉口味感到訝異。日本人對香蕉有種狂熱，香蕉果醬在日本很常見，幾乎是每個品牌必備的種類。

其他建議食譜：香蕉白蘭地果醬、香蕉肉桂果醬⋯

步驟 STEPS

1 香蕉去皮，切除壓傷處。

2 取300公克的香蕉份量。

3 將香蕉切塊，約半口大小，放入大玻璃盆中。

4 黑巧克力切碎片。

5 巧克力碎片放入玻璃盆中。

6

6 將水加入大玻璃盆中。

7 再倒入細砂糖。

8 把所有材料攪拌均勻。

7

8

9 將所有材料倒入不銹鋼鍋中，開中強火煮至沸騰，不時從底部徹底攪拌一下以防沾鍋。

10 沸騰後邊撈除浮沫邊攪拌，直至浮沫不再出現，泡沫呈現光澤即可熄火。

11 **隔天再加熱**

放涼後，加蓋擱置一晚，隔天再重複加熱一次，讓巧克力徹底成為融化的狀態。

12 熄火後趁熱裝瓶，鎖蓋後立即倒罐。

牛奶焦糖核桃果醬

milk & caramel & walnut

材 料 MATERIALS

- a 鮮奶100c.c.。
- b 無糖鮮奶油100c.c.。
- c 細砂糖50公克。
- d 水25c.c.。
- e 核桃50公克。

麗香碎碎念

煮焦糖時需要絕對的專心，轉頭說一句話的時間，它可能就已經從完美的琥珀色變成會令人懊惱的深棕色。
焦糖和很多水果合煮果醬也很對味。

其他建議食譜：焦糖蘋果、焦糖香蕉、焦糖鳳梨、焦糖more……。

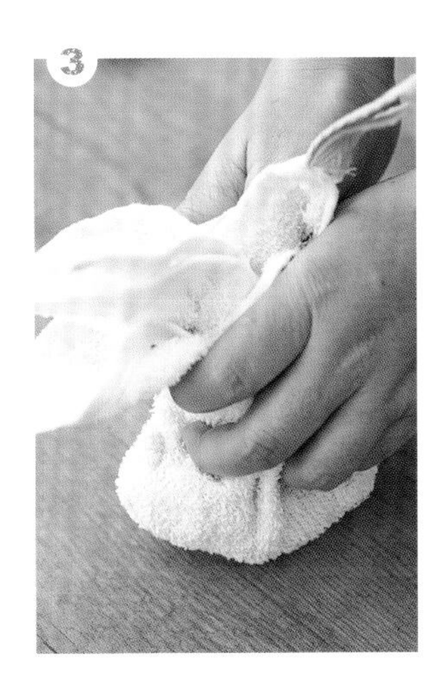

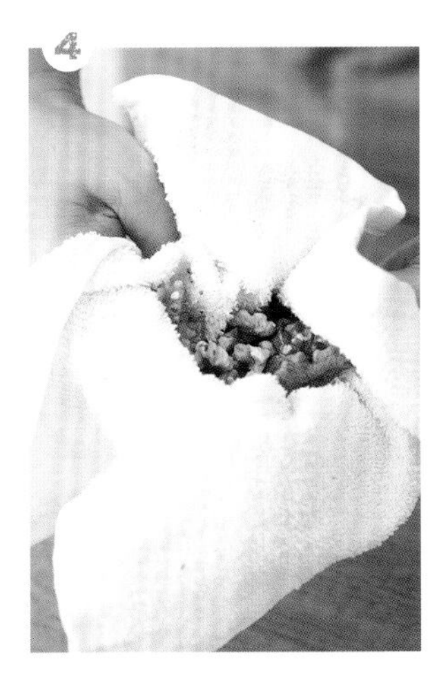

步  STEPS

1 先將核桃用烤箱烘烤或用平底鍋稍微乾炒過，直到炒出香味，使水份揮發。
2 趁熱將核桃放到一條乾淨的毛巾上。
3 用毛巾緊密包住核桃，悶一下，約3分鐘。
4 然後隔著毛巾搓掉核桃皮模。

5 待去皮核桃稍冷後，切碎備用。

6 將鮮奶和鮮奶油混勻，加熱至接近沸騰備用。

7 水和細砂糖一起用中火熬煮，要持續攪動，避免焦掉。

8 當糖水焦糖化之後，會呈現深琥珀色。

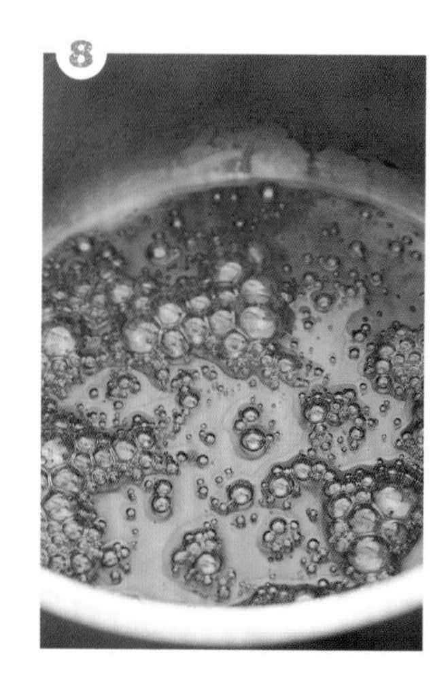

9 倒入時小心焦糖噴出

在焦糖漿中加入已加熱之鮮奶油和鮮奶，再續煮幾分鐘。

10 最後加入核桃，加熱至沸騰即可熄火。

11 趁熱裝瓶，鎖蓋後立即倒罐，冷卻後請置入冰箱保存。

洛神花果醬

roselle

材料 MATERIALS

a 新鮮洛神花300公克。
b 細砂糖240公克(水果的80%)。
c 中型檸檬一顆(取檸檬汁)。

步驟 STEPS

1 去除洛神花中不用的葉片和果核後,秤量實際的份量。
2 將洛神花撕成一小瓣一小瓣,放入大玻璃盆中。
3 先將檸檬汁加入大玻璃盆中拌勻,再拌入細砂糖。
4 將所有材料倒入不銹鋼鍋中,開中強火煮至沸騰,不時從底部徹底攪拌一下,以防沾鍋。
5 沸騰後,一邊撈除白色浮沫一邊攪拌,直至浮沫不再出現,泡沫呈現光澤時即可熄火。
6 熄火後趁熱裝瓶。
7 鎖蓋後立即倒罐。

奇異果果醬

kiwifruit

材料 MATERIALS

- a 奇異果300公克（可一半綠奇異果，一半黃奇異果）。
- b 細砂糖150公克（水果的50%）。
- c 中型檸檬一顆（取檸檬汁）。

步驟 STEPS

1. 將奇異果去皮，秤得300公克後，果肉切成2cmx2cm小塊，放入大玻璃盆中。
2. 先將檸檬汁加入大玻璃盆中拌勻，再拌入細砂糖。
3. 將所有材料倒入不銹鋼鍋中，開中強火煮至沸騰，不時從底部徹底攪拌一下，以防沾鍋。
4. 沸騰後，一邊撈除白色浮沫一邊攪拌，直至浮沫不再出現，泡沫呈現光澤即可熄火。
5. 熄火後趁熱裝瓶。
6. 鎖蓋後立即倒罐。

香蕉木瓜果醬

banana & papaya

材料 MATERIALS

a 香蕉150公克（建議選擇普通香蕉，因芭蕉、佛手蕉口感較脆，不適合用來做果醬）。

b 木瓜150公克。

c 細砂糖180公克（水果的50%）。

d 中型檸檬一顆。

步驟 STEPS

1 將香蕉和木瓜去皮、去籽，削掉壓傷處後，各秤得150公克。

2 香蕉和木瓜各切成半口大小，放入大玻璃盆中。

3 先將檸檬汁加入大玻璃盆中拌勻，再拌入細砂糖。

4 將所有材料倒入不銹鋼鍋中，可將香蕉微微壓軟，開中強火煮至沸騰，不時從底部徹底攪拌一下，以防沾鍋。

5 沸騰後，一邊撈除白色浮沫一邊攪拌，直至浮沫不再出現，泡沫呈現光澤即可熄火。

6 熄火後趁熱裝瓶。

7 鎖蓋後立即倒罐。

蕃茄果醬
tomato

材 料 MATERIALS

a 紅蕃茄150公克、黃蕃茄150公克（紅蕃茄可選用大蕃茄or桃太郎小蕃茄，黃蕃茄可選用橙寶蕃茄）。

b 細砂糖150公克（水果的50%）。

c 中型檸檬一顆（取檸檬汁）。

步 驟 STEPS

1 蕃茄洗淨後去蒂頭，底部劃十字備用。
2 煮一鍋水，沸騰後將蕃茄放入煮1分鐘，撈起後沖冷水。
3 蕃茄剝皮後秤得300公克。
4 將蕃茄切小塊放入大玻璃盆中。
5 先將檸檬汁加入大玻璃盆中拌勻，再拌入細砂糖。
6 所有材料倒入不銹鋼鍋中，開中強火煮至沸騰，不時從底部徹底攪拌一下以防沾鍋。
7 沸騰後邊撈除白色浮沫邊攪拌，直至浮沫不再出現，泡沫呈現光澤即可熄火。
8 熄火後趁熱裝瓶。鎖蓋後立即倒罐。

洛神蘋果果醬

roselle & apple

材料 MATERIALS

- a 新鮮洛神花150公克。
- b 蘋果150公克。
- c 細砂糖240公克(水果的80%)。
- d 中型檸檬一顆(取檸檬汁)。

步驟 STEPS

1. 去除洛神花中不用的葉片和果核後,秤量150公克備用。
2. 蘋果削皮去核後秤量150公克備用。
3. 將洛神花撕成一小瓣一小辦,蘋果切成厚約2mm的1cmx1cm小方型薄片,一起放入大玻璃盆中。
4. 先將檸檬汁加入大玻璃盆中拌勻,再拌入細砂糖。
5. 將所有材料倒入不銹鋼鍋中,開中強火煮至沸騰,不時從底部徹底攪拌一下,以防沾鍋。
6. 沸騰後,一邊撈除浮沫一邊攪拌,直至浮沫不再出現,泡沫呈現光澤即可熄火。
7. 熄火後趁熱裝瓶,鎖蓋後立即倒罐。

檸檬蘋果果醬

lemon & apple

 MATERIALS

- a 檸檬皮150g。
- b 蘋果150g。
- c 細砂糖240g。

 STEPS

1. 檸檬先去蒂以及表皮瑕疵處理後，將檸檬切半去籽，擠出檸檬汁備用。檸檬皮秤得150公克。
2. 將檸檬皮單獨放入鍋中，加水蓋過果皮，開火煮至沸騰即熄火。
3. 取出果皮瀝乾，鍋中重新換水，重複再將果皮放入煮至沸騰一次。
4. 取出果皮瀝乾，鍋中重新換水，此次水量稍多，將檸檬皮放入煮至沸騰後關小火，續煮至果皮軟化，用湯匙可以輕易截斷為止（約需40~50分鐘）。
5. 瀝乾果皮，待稍涼後剝除果肉膜層後切細長條狀，放入大玻璃盆中。
6. 將蘋果去皮、去核後，秤得150公克。一半用果汁機打碎，一半切成約2mm的1cmx1cm小方型薄片，一起放入大玻璃盆中。
7. 將檸檬汁、細砂糖加入大玻璃盆中拌勻。
8. 將所有材料倒入不銹鋼鍋中，開中強火煮至沸騰，不時從底部徹底攪拌一下，以防沾鍋。
9. 沸騰後，一邊撈除白色浮沫一邊攪拌，直至浮沫不再出現，泡沫呈現光澤即可熄火。
10. 熄火後趁熱裝瓶，鎖蓋後立即倒罐。

PART

4

田園職人推薦

在尋找好食物的過程中，認識了許多堅持不噴灑農藥的自然農法小農。

農民真的好辛苦，但付出和所得卻不成比例。讓我們多多購買在地蔬果，減少食物哩程（food mileage），支持台灣在地小農。

野草花果有機農場

91年端午節馬丁發現膽、胃、盲腸同時出現問題，因此結束蔬果批發的工作，回內湖養病，8個月山居歲月閒不下來，在荒廢7年，已雜草叢生的山坡農地上開始種菜。

當時內湖山上已有8戶20年以上的草莓農，因工作曾走過台灣所有蔬果產地的馬丁，不想讓農藥出現在他的田地，也為了與當地農家區隔，因此選種有機草莓，花費了四年才成功。

第一年似乎很完美，那年順利收成，讓人誤以為種有機草莓很簡單，可以不用農藥，養土地就可以等著草莓豐收。但第二、三年遭遇嚴重瓶頸，馬丁只好到有機認證單位和農委會肥料訓練班上課。

經過努力，第四年終於漸入佳境，原打算和附近8家農戶市場區隔的馬丁想，無農藥栽種法其實是建立於與昆蟲分享的模式上，那何不也和其他草莓農一起分享他種有機草莓的理念呢？他默默期待能靠自己的力量改變內湖的草莓和栽種生態，或許這片山頭，即將慢慢出現生機。

information 田園職人

農場名稱	野草花果有機農場
負責人	馬丁
訂貨聯絡人	馬丁
訂貨電話	02-27902706（晚上19:00後）。
產品	草莓。
位置	北市內湖碧山路過圓覺寺牌樓後，看到白石湖入口意象，右轉草莓區第一家（土地廟旁，前面有一棵大榕樹）。
部落格或網址	http://martinlin4526.blogspot.com/

*感謝野草花果有機農場提供照片及資訊。

屏東銘泉農場

屏東牛角灣溪的「好品鳳梨」農場，只憑口頭承諾和日本商人往來，就建立了誠信的商譽，鳳梨外銷日本至今已20餘年。

民國90年得過「神農獎」的吳老先生，現有兒子吳堅銘傳承父親的理念，一起加入農場經營。「好品鳳梨」農場有幾個獨到之處，構成乾淨無污染的栽種環境。

1. 建構生態池，穩定農場附近的兩棲類、水生昆蟲與植物、螢火蟲、青蛙的生態棲地。
2. 建置有機隔離綠帶，避免無意間被附近農田農藥污染作物（這是大部分台灣有機農場做不到的條件）。
3. 尊重土壤與植物的自然機制，絕對不噴灑農藥、植物生長激素（荷爾蒙），維持鳳梨原味。
4. 草生栽培、定期輪作、施有機肥，讓地力自然調節，不過度利用導致營養失調而劣化。

和一般鳳梨一年兩收相比，「好品鳳梨」每顆都要經歷18個月的熟成，才會送到消費者的手上，風味與口感絕佳。吳堅銘說：不只日本人，更希望台灣人也能享用到這麼美好的鳳梨。

information 田園職人

農場名稱	銘泉農場
負責人	吳木泉
訂貨聯絡人	吳堅銘
訂貨電話	08-7990006
產品	鳳梨、百香果
部落格或網址	http://www.mcf.idv.tw/

＊感謝屏東環境保護聯盟提供照片及資訊。

南投中寮溪底遙學習農園

已故的廖學堂先生（2008年底因病離世，繼任的馮小非小姐將棒子交給她一手培植的新人經營），於921大地震後，在受災嚴重的故鄉南投中寮投入重建計劃，同時也開始省思，長期以來這塊土地所受到的傷害。

大量噴灑農藥、種植數以萬計的檳榔樹，破壞了這塊沃土，突如其來的大地震造成嚴重坍塌。廖先生和同在中寮參與重建的媒體人馮小非一起創立了溪底遙，希望能帶頭影響附近農民，重新種植對土地有利的作物。

溪底遙農園不噴灑農藥，寧願多付工資，請工人用手一隻一隻抓蟲；花時間嘗試新方法，利用網子保護柳丁樹根不受蟲害；以天然液增加柳丁樹本身的抵抗力，避免害蟲侵入。這都是多年來一步步學習並實驗新方法，在不斷改進之後才有的成果。

溪底遙的成功經驗，鼓勵了中寮當地更多農友加入無農藥耕作的行列，並已發展成一個集體小農品牌。除了柳丁之外，陸續還有柑橘、花生等農友加入，並持續開發自然無添加的農產加工品。

information 田園職人

農場名稱＿溪底遙學習農園
負責人＿官欣儀
訂貨聯絡人＿官欣儀
訂貨電話＿049-2693199
產品＿柳丁、桂圓、花生、柳丁醋、柑橘。
部落格或網址＿http://www.befarmer.com/
註明＿每個月在台中合樸農學市集擺攤。

＊感謝溪底遙提供照片及資訊。

玫開四度食用玫瑰園

原為郭逸萍父親耕作的玫瑰園，後來因缺乏銷售管道而放棄經營。年輕夫妻為了實現夢想而回鄉接手，原本計畫在接手5年後開一間以玫瑰花為主的香草餐廳。5年過去了，在深入鑽研有機農法後，反而變成了專職的農民，成為台灣第一也是目前唯一的食用有機玫瑰園。

在台灣高溫多濕的氣候下栽種玫瑰花，病害及蟲害都相當多，很難以有機方式栽種。思廣和逸萍自行製作有機液灌溉，除了可食用的果醬、玫瑰花醋等產品外，還發展出玫瑰乳液、化妝水等保養品。花季之外，還栽種茭白筍及茉莉花，希望可以增加農園的收益。

思廣說，許多人都問他，為什麼要這麼年輕就從事農業？為什麼不等年紀大了或退休後，再弄一畝小田？他回答：「每個人都有夢想，總想等時機恰當了，再來實現。但什麼時候是恰當的時機呢？我想很少人能回答，所以夢想一延再延，甚或沒有機會實現，徒留遺憾。人生很短，因此我選擇在有能力實現夢想時，就勇敢實踐，或許一路走來有些顛頗，但我樂在其中。」

information 田園職人

農場名稱	玫開四度食用玫瑰園
負責人	章思廣、郭逸萍
訂貨聯絡人	郭逸萍
訂貨電話	0972-359915、049-2420675
產品	玫瑰花醬、玫瑰糙米醋、乾燥玫瑰花瓣、玫瑰純露、茭白筍、玫瑰保養品。
部落格或網址	http://tw.myblog.yahoo.com/lohasrose/
註明	每個月在台中合樸農學市集擺攤。

＊感謝玫開四度食用玫瑰園提供照片及資訊。

屏東環盟&綠農的家

以環境成本要被消費者看見為前提，輔導農民種植，並幫忙推廣無毒農漁產品的屏東環境保護聯盟，自2006年起推廣綠色消費，最早推出的就是枋山愛文芒果。

他們自己對枋山愛文芒果的介紹：「枋山」地區的「綠色農民」，以友善環境、無毒管理的生產模式，做到「水土保持」，守護「墾丁」的「珊瑚」。而打上「」的用意，就是環盟對五種愛文芒果分級的命名來源。

環盟的目標在於——

1. 絕不噴灑除草劑，以割草保護水土。
2. 絕不使用化學肥料，改用有機肥，涵養大地。
3. 無毒蔬果（殘毒檢驗合格）才上市。
4. 產地直銷，避免果農慘遭盤商剝削，讓綠色消費者吃到最新鮮的水果。

恆春半島的熱情，讓愛文芒果的絕色、香濃、美味俱全，可說是台灣水果中最夯的農產。加上環盟與小農的自覺，堅持讓消費者、土地、小農三贏的生產模式，已經成為台灣拓展綠色農民運動的代表作。在試運下幫助果農行銷後，實證果農可以提高收入80%，不再受盤商的剝削，也可以為環境守護盡一份心力。

information **田園職人**

農場名稱　屏東環境保護聯盟&綠農的家
訂貨電話　08-7370922
產　　品　愛文芒果、鴨蛋、芭樂、愛玉子、白蝦、木瓜等屏東地區的無毒農漁畜產。
部落格或網址　http://www.wretch.cc/blog/TAIL2006

＊感謝屏東環盟提供照片及資訊。

嚴選推薦 蜂蜜 南投中寮山野家

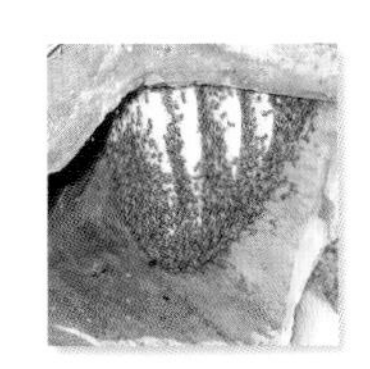

農夫阿煙帶著亞力去找野蜜，問道：亞力，妳知道蜜蜂們嗡嗡嗡的在說什麼嗎？城市來的亞力心想：難不成山上的農夫還懂得蜂語？沒想到農夫的回答是：他們在說亞力妳好漂亮！這就是山野家的開始，野蜂幫他們做的媒。

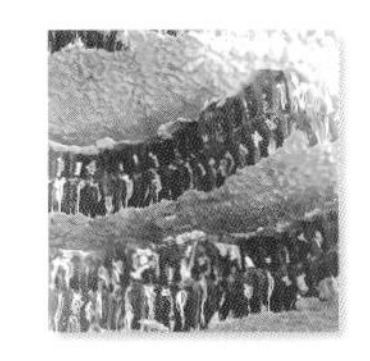

小農的產品多元，主要是依節令收成不同作物，山野家也不例外。阿煙是當地農民的第三代，原本在城市工作，1991年回到中寮種起自己喜愛的蘭花，當起花農。除此之外，春天採梅、醃梅；夏天採野蜜；秋天炭培桂圓；冬天種薑製薑糖等，再加上因換工取得的龍眼蜜、荔枝蜜等農產品。

因921賑災而進入南投中寮的女主人亞力，成為中寮媳婦後，自1996年起用部落格記錄鄉間生活的點滴，介紹山野家的農產品，熱情的文字和鮮明的影像在格友間流傳，吸引許多同好。

information 田園職人

農場名稱	山野家
負責人	許文煙
訂貨聯絡人	王亞力
電話	0963-216466
產品	蜂蜜、梅子、蘭花、薑、桂圓。
部落格或網址	http://www.wretch.cc/blog/alive2006
註明	每個月在台中合樸農學市集擺攤。

*感謝山野家提供照片。

田寮月照農園

貧瘠的土地上，竟然可以種出甜美的果子！每回拜訪阿發的月照農園，總是在話語之間聽見他對自家農產的驕傲和自豪。大學畢業後因為嚮往自由，所以歸鄉生活。先是幫忙家裡栽種棗子與養羊，1999年開始將棗子供貨給主婦聯盟合作社，逐漸擴展後，目前已供應長期性果樹作物如棗子、芭樂、芒果、檸檬，與短期瓜果作物如番茄、苦瓜、青椒、彩椒、辣椒等。

台灣的農改技術優越，但一昧追求果實的大與甜，讓蔬果失去原味。什麼樣的作物，該要有什麼風味，或許已為多數農人所淡忘，但卻是阿發的堅持。一樣的作物，在不同的耕種環境成長，應該就有不同的味道。田寮雖然土地貧瘠，但月球表面般的地表下，卻有特殊的土壤成份，使得田寮栽植的農作物風味異於其它地區作物。

五年級念歷史的阿發，不喜歡人家提及他輝煌的學歷，因為高學歷的光環下，常模糊了他身為專業農夫的焦點。學歷賦予阿發的，只是抵抗混沌社會變動，強化他返鄉耕作的原動力。當有機已變成一門顯學，且非具一定資本不可為，一般小農只能望其高認證費門檻而興嘆之時，阿發依然認為，有機栽植單純就只是怎麼熟知、對待和善用土地，並讓適合不同土地生長的農作物適時長成而已。

information **田園職人**

農場名稱	月照農園
負責人	朱明發
訂貨聯絡人	朱明發
訂貨電話	0912-778930
產品	檸檬、芭樂、香蕉、芒果、番茄、青椒、彩椒、苦瓜等。
註明	每周在高雄微風市集擺攤。

＊感謝月照農園提供照片及資訊。

嚴選推薦

葡萄柚 斗六盧媽媽農園

盧媽媽是溪底遙朋友介紹的葡萄柚果農，她種的葡萄柚是我吃過最甜美多汁的，打破一般人對葡萄柚酸溜溜的印象。

盧媽媽在嫁至婆家後，因婆婆過世，公公要人協助農事，但先生身體不好又對農事陌生，所以她一肩扛起果園的工作。田間工作粗重，經歷過許多風險。有一次下肥，先生前來幫忙，兩人要將肥料袋一起甩至樹下，盧秀紅用力過度，整個人跟著甩出去，恰好撞上一處被砍斷的樹枝，胸骨卡在斷樹突起之處，暈倒不起，送醫發現肋骨斷裂。又有一次噴灑農藥，忽然藥管破裂，藥液噴至全臉，幸好送醫急救後平安無事。

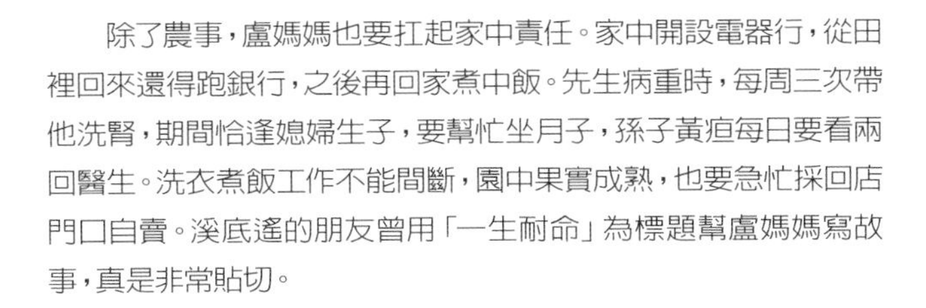

除了農事，盧媽媽也要扛起家中責任。家中開設電器行，從田裡回來還得跑銀行，之後再回家煮中飯。先生病重時，每周三次帶他洗腎，期間恰逢媳婦生子，要幫忙坐月子，孫子黃疸每日要看兩回醫生。洗衣煮飯工作不能間斷，園中果實成熟，也要急忙採回店門口自賣。溪底遙的朋友曾用「一生耐命」為標題幫盧媽媽寫故事，真是非常貼切。

談及她種植的葡萄柚與柳丁，盧媽媽開心回應，「你問我，我不懂，就是捨得給果樹吃，本錢不計較」。盧媽媽雖不識字，但她自行摸索轉作減農藥栽培，一年只在收成後噴一次農藥，主要供應給主婦聯盟。尚未加入主婦聯盟合作社的人，不妨可以直接打電話跟盧媽媽，由她宅配寄送也很方便。

information 田園職人

負責人＿盧秀紅
訂貨聯絡人＿盧秀紅
訂貨電話＿0938-380198
產品＿葡萄柚、柳丁。
註明＿每個月在台中合樸農學市集擺攤。

*感謝溪底遙學習農園提供照片及資訊。

紅茶

日月老茶廠

埔里日月潭旁，從台14號公路轉入台21號公路，拐進山徑隨即看到一間遺留著歲月痕跡的白色廠房，與世無爭地佇立在茶園裡，這就是日月老茶廠了！

老茶廠的歷史要追溯至日據時代，也是台灣阿薩姆紅茶的最早起源。那時，這裡生產的紅茶是專門供給日本皇室的。日據時代日本人赴印度，將阿薩姆紅茶的種子偷偷裝在隨身帶的枴杖裡帶回台灣來（因當時的印度人不願意將紅茶種子給其他人），並與台灣北部同屬大葉種的茶樹一起培植，但嚐試種植了好幾個地方後皆失敗，最後終於在空氣乾淨、又有豐沛水氣的日月潭種植成功。

台灣光復後茶廠由農林公司接管，近年農林公司因前任董事長夫人的理念，希望不必為了一口茶而濫殺生命，而將耕地重新整治，並培養有機土質，慢慢轉型成為有機茶園。

到老茶廠參觀可看到他們對環境的用心，一切的資源皆以可回收為主，連寄送的信封及紙箱也都用一再回收使用。園內整潔清爽，洗手間甚至比家裡的還要乾淨，進入使用時要換上他們準備的鞋子，減少鞋底泥沙污染，清洗時得以減少用水。這些小地方的用心，是必須徹底從想法改變，才做得到的！

information **田園職人**

農場名稱	日月老茶廠
訂貨聯絡人	曾思璇
訂貨電話	049-2895508
產品	有機紅茶、碧螺春綠茶、東方美人茶、烏龍茶等。
部落格或網址	http://www.assamfarm.com.tw/

每年只生產七千噸巧克力，雖然產品的種類有限，但品質非常講究，在巧克力愛好者中具有廣泛知名度的法國品牌法芙娜(VALRHONA)，也是許多高級烘培店最喜歡使用的原料。

法芙娜創立於1922年，1986年首創頂級產地(Grand Cru)的概念，開發出獨一無二的頂級產地巧克力(Grand Crus Chocolates)，成為其他業者模仿的對象。每年由特定莊園生產的可可豆，製成莊園年份巧克力(Vintage Chocolates)，因風味明顯且獨特，又限量供應，是非常值得品嚐的巧克力單品。

除了製作少量磚塊狀、片狀及夾心巧克力外，法芙娜最主要的市場是供應世界頂級手工巧克力製作之原料，其佔有率達手工頂級巧克力原料市場的百分之八十，受到各家名廚喜愛。許多餐廳甚至在菜單上直接註明使用法芙娜巧克力，用以保證食物的品質與美味象徵。

自製果醬時，可以選擇其60%以上的磚塊狀頂級產地巧克力，再依所選巧克力所含糖份的多寡，斟酌加減糖的比例。

information 巧克力職人

台灣法芙娜(VALRHONA)官方網站 http://www.fayaa.com.tw/

＊感謝VALRHONA提供照片。

洛神花

東耕有機農場

民國92年7月成立的東耕有機農場，位於雲林縣古坑鄉麻園村，負責人彭東欽，參加「慈心有機農業發展基金會」舉辦的「有機作物之栽培與管理」講習，認同有機栽培之理念，即依其規定之資材使用與方法，耕作栽培，並申請驗證通過有機認證。

彭先生累積多年的豐富經驗，使用天然之有機肥，不毒害大地，留給後代子孫一個健康、安全的環境。秉持精益求精的精神，依循自然農法，致力於提升產品品質，雖有10年以上之栽培經驗，仍然年年不斷研究創新，朝新農業的大方向邁進，希望每位消費者，都能享受到新鮮、自然、安全、健康的農產品。

information 田園職人

農場名稱	東耕有機農場
負責人	彭東欽
訂貨聯絡人	彭東欽
訂貨電話	0920-620358、05-5344217
產品	茂谷柑、臍橙、帝王柚、洛神花。
註明	每周在台中興大有機市集擺攤。

＊感謝東耕有機農場提供照片及資訊。

日本果醬店家採訪花絮

日本長野縣輕井澤的果醬名產店。

現場可看到果醬製造示範。

隱身於東京高級住宅區中的果醬甜點專賣店。

上層鮮奶油、下層木瓜的有趣果醬。

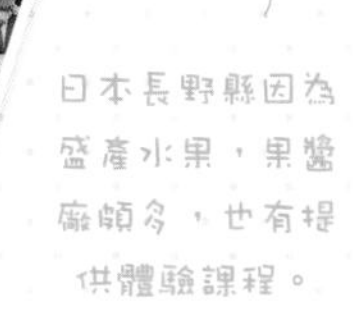

日本長野縣因為盛產水果，果醬廠頗多，也有提供體驗課程。

C O P Y R I G H T

腳丫文化

■K021

天然果醬自己做

國家圖書館出版品預行編目資料

天然果醬自己做 / 陳麗香著. --第一版.
--臺北市：腳丫文化, 民98.10
面； 公分
ISBN 978-986-7637-52-9（平裝）

1. 果醬 2. 食譜

427.61 98018160

著作人：陳麗香
社長：吳榮斌
企劃編輯：陳毓葳
美術設計：劉玲珠
出版者：腳丫文化出版事業有限公司

總社・編輯部
社址：10485 台北市建國北路二段66號11樓之一
電話：（02）2517-6688
傳真：（02）2515-3368
E-mail：cosmax.pub@msa.hinet.net

業務部
地址：24185 新北市三重區光復路一段61巷27號11樓A
電話：（02）2278-3158・2278-2563
：（02）2278-3168
E-mail：cosmax27@ms76.hinet.net
郵撥帳號：19768287 腳丫文化出版事業有限公司

國內總經銷：千富圖書有限公司（千淞・建中）
(02)8521-5886
新加坡總代理：Novum Organum Publishing House Pte Ltd
TEL：65-6462-6141
馬來西亞總代理：Novum Organum Publishing House(M)Sdn. Bhd.
TEL：603-9179-6333
印刷所：通南彩色印刷有限公司
法律顧問：鄭玉燦律師 (02)2915-5229

定價：新台幣 240 元
發行日：2009 年 11 月 第一版 第 1 刷
2012 年 5 月 第 7 刷